我的第一本科学漫画书

玩游戏
看漫画
学数学

数学世界
历险记 ③
大魔法师普利亚斯

U0270794

수학세계에서 살아남기 3

Text Copyright © 2010 by Ryu, Giun

Illustrations Copyright © 2010 by Moon, Junghoo

Simplified Chinese translation copyright © 2014 by 21st Century Publishing House

This Simplified Chinese translation copyright arranged with LUDENS MEDIA CO., LTD.

through Carrot Korea Agency, Seoul, KOREA

All rights reserved.

版权合同登记号 14-2011-077

图书在版编目（CIP）数据

大魔法师普利亚斯 /（韩）柳己韵文；（韩）文情厚绘；全玉花译.
-- 南昌：二十一世纪出版社，2014.7（2023.12 重印）
（我的第一本科学漫画书 . 数学世界历险记；3）
ISBN 978-7-5391-8752-5

Ⅰ . ①大… Ⅱ . ①柳… ②文… ③全… Ⅲ . ①数学 –
儿童读物 Ⅳ . ① O1–49

中国版本图书馆 CIP 数据核字 (2014) 第 068464 号

我的第一本科学漫画书 · 数学世界历险记 ③

大魔法师普利亚斯 DA MOFASHI PULIYASI

[韩] 柳己韵 / 文　　[韩] 文情厚 / 图　　全玉花 / 译

出 版 人	刘凯军	
责任编辑	张海虹	
美术编辑	陈思达	
出版发行	二十一世纪出版社集团	
	（江西省南昌市子安路 75 号　330025）	
网　　址	www.21cccc.com	
承　　印	江西宏达彩印有限公司	
开　　本	787mm×1092mm　1/16	
印　　张	11	
版　　次	2014 年 7 月第 1 版	
印　　次	2023 年 12 月第 19 次印刷	
书　　号	ISBN 978-7-5391-8752-5	
定　　价	35.00 元	

赣版权登字 -04-2014-108　　版权所有，侵权必究

购买本社图书，如有问题请联系我们：扫描封底二维码进入官方服务号。

服务电话：0791-86512056（工作时间可拨打）；服务邮箱：21sjcbs@21cccc.com。

我的第一本科学漫画书

玩游戏
看漫画
学数学

数学世界历险记 ③

［韩］柳己韵/文
［韩］文情厚/图
全玉花/译

大魔法师普利亚斯

21
二十一世纪出版社集团
21st Century Publishing Group

决定创作《数学世界历险记》时，我们就树立了一个目标——要创作"有趣的作品"。因为不管是谁，只要提到数学，首先都会联想到复杂的数字和数学算式。而且很多作家也抱有偏见，认为数学是枯燥而生硬的。所以我们想，不管怎样，一定要创作出有趣的漫画作品，减少大家对数学的负担感。在创作过程中，我们自己也感受到学习数学居然可以充满趣味。

坦率地讲，要解开由一长串数字组成的复杂算式，对于任何人来说都是一件头疼和烦心的事。数学绝不是单纯又无聊的数字计算，那样的计算用计算器就可以轻易地算出答案。数学是一边提出诸如"怎样在迷宫中寻找出路"或"如何用手中的一根木棒测量金字塔的高度"这类看上去有些令人摸不着头脑的问题，一边寻找这些问题的答案的学问。当然，在这个过程中也需要进行数字计算，但更重要的是寻找和证明答案的过程。这个过程就像侦探小说中主人公收集证据并通过证据推理出罪犯的过程一样紧张而刺激。

小朋友们，不要因为觉得困难而逃避，希望你们能与这套书里的主人公一起进入数学世界历险。你们不仅可以从中发现计算的乐趣，而且还能提高数学成绩，培养和锻炼思考的能力。

各位同学，你们有没有经过苦思冥想解答出数学难题的经历呢？我因为喜欢这个思考的过程，而喜欢上了数学。没有感受过那一瞬间灵光闪现的人恐怕是无法理解的。就算花再长的时间，就算不能马上想到解决方法，但我仍希望各位能与道奇和达莱一起独立解决本书当中的数学谜题，希望大家能体会到其中的灵光闪现。这道灵光就是你们喜欢上数学的契机。

喜欢数学非常重要。有些人虽然数学成绩好但是本身讨厌数学，有些人虽然数学成绩一般但是喜欢数学，随着时间的流逝，后者会比前者更加擅长数学，将来也会取得更好的成绩。解答一个数学问题，要先把已经学过的数学知识在脑海中筛选一遍，再按照正确的方法和步骤来进行。经过这样的锻炼，不仅仅数学成绩能提高，逻辑思维能力也会得到提高。

数学并不只是存在于教科书和习题集中，也隐藏在我们的生活中。和道奇、达莱一起解决在生活与冒险中遇到的数学问题，会让大家了解数学是多么有趣的一门学问。现在就与他们一起进入数学世界吧！

首尔金童小学教师　李江淑

目 录

出场人物

郭道奇

在笨人国被奉为"超级天才"的道奇，却在数字之国沦落为"奴隶"。他和达莱一起在前往图形之国的途中遇到大魔法师普利亚斯，人生再次实现逆转。

金达莱

借助精灵智妮的法力，她成为了数字之国的领主，之后又被数字之国的国王委以重任……可是要完成任务，达莱必须依靠沦落为"奴隶"的郭道奇的帮助。

普利亚斯

他是奥利安公国的大魔法师，也是一个数学家，如今隐退。他决定用余生陪伴孙女爱丽丝，帮她治好心脏病。

鲍恩

奥利安公国的秘书长，大魔法师普利亚斯的弟子。为了阻止巫师巴巴的入侵，向普利亚斯求救。

巫师巴巴

侵略奥利安公国的巫师。他曾经花费三年时间想解开普利亚斯出的数学题，最后却发现那道题目无解。

精灵智妮

数字世界的管理者。她一直在帮助道奇和达莱对抗路西法。

本书指南

《数学世界历险记》百分百利用法

漫画数学常识

这里有丰富而有趣的数学知识，例如大家一定要熟记的**基本数学概念**、历史中的**数学故事**以及在日常生活中常见的**数学原理**等。

创新数学谜题

运用每章中介绍的数学概念，来解答难度各异的趣味数学问题。

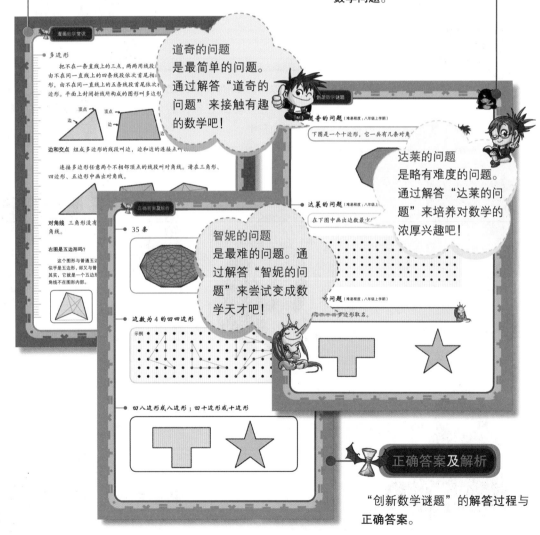

道奇的问题是最简单的问题。通过解答"道奇的问题"来接触有趣的数学吧！

达莱的问题是略有难度的问题。通过解答"达莱的问题"来培养对数学的浓厚兴趣吧！

智妮的问题是最难的问题。通过解答"智妮的问题"来尝试变成数学天才吧！

正确答案及解析

"创新数学谜题"的**解答过程**与**正确答案**。

第一章 领主达莱

哇呀呀！

这么丰盛的大餐，
在现实生活中想都
不敢想呢！

哇哈哈！

啪

哎哟!

哼!

你这小子!一个奴隶居然敢碰领主的膳食!

无礼的家伙!

领……领主?

......

......

规矩如此,我也没办法哦……

嘻嘻!

呵,呵。

喂!你!

竟然如此怠慢我……

……

你的饭在这里！

都被警卫犬吃了啊。

那没办法喽。

没办法？

咯噔

奴隶和家畜是同样的等级呀，你就当把饭让给了兄弟，等下一顿吧！

先到先得嘛。

什……什么？不可以！

领主！

领主！

国王陛下请您尽快回宫接旨！

什么？

国……国王陛下找我，

会是什么事啊？

去了就知道。

啊哈，快请进。

你是数字之国里第一个通过最高等级测试的人。小小年纪，真是天才啊！

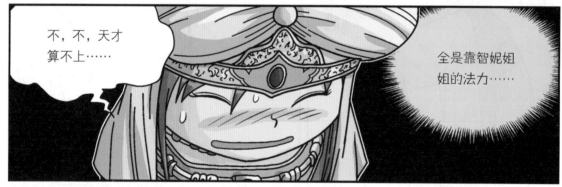

不，不，天才算不上……

全是靠智妮姐姐的法力……

不必谦虚。

其实我想拜托你一件事。

啊？

你听说过图形之国吗？

图形之国？

我唯一的女儿被他们劫持了!

啊!

派军队去救援不行吗?

不行,不行!

通往图形之国的关门只够两三人进入,派军队是不行的。

而且要想通过此关门,必须先解开与图形相关的问题……

什么?

目前数字之国里还没有一个人能解开那道题……

所以我只能拜托你了！

求你救救我的女儿吧！

……

是这样啊，可是……

只要你救出公主，我愿用任何方式报答，拜托了……

……

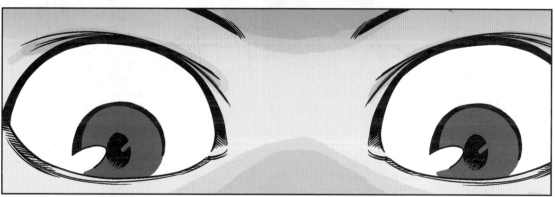

怎么不吃啊？
你不饿吗？

……

搞什么名堂？

不是说按规矩，朋友也当作奴隶吗？

嘿嘿……

从宫里回来就给我解开脚铐，还让我吃大餐……

现在想来，我刚才是有点过分了。

规矩再重要也比不过好朋友啊！

不是吧？

啊！

吓死我了！

干吗突然把脸凑过来？

……

有个念头突然闪过脑海……

思索

是不是发生了什么事，需要借用我的天才大脑呢？

真有眼力见儿。

哈，果然！

……

哼……

你还能读出我想什么吗？

不想帮忙就算了，我才不要厚着脸皮求你！

侍从官，给他戴上脚铐！

是！

不，不，没说不愿意啊，只是朋友之间要以诚相待嘛……嘿嘿。

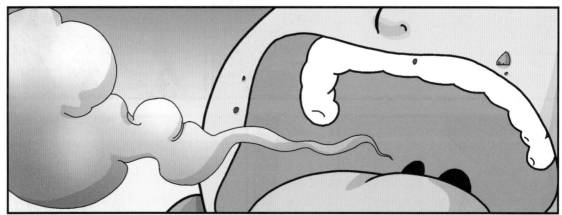

唔！

哦，那就是说……

进入图形之国要先通过关门，

关门开启的时间极短，只够两三人进入，是吧？

是。

加上……

通过关门要满足两个条件?

嗯。

什么条件?

是这样的……

第一个条件是,要转开三个不同形状的锁眼,才能开门。

有三个图形?

对，要做出合适的钥匙，把三个锁眼转开才能开门。

这……

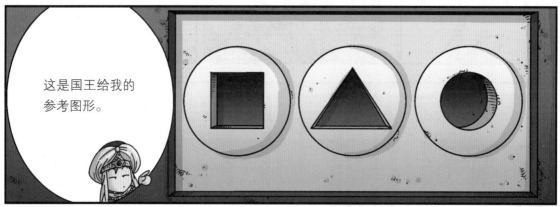

这是国王给我的参考图形。

那就照着图形做呗。

没必要借用我的天才大脑吧？

就知道你会这么说。

那就多做几把钥匙呗。

你肯定会这么想吧？

哎……

图形会一小时变化一次，

变化多样而且没有规律，所以不能提前做好钥匙。

那第二个条件呢?

必须要用产自图形之国的特殊木材做钥匙,否则形状相符也打不开门。

就是这块木头,只有这么点了。

也就是说,机会只有一次。

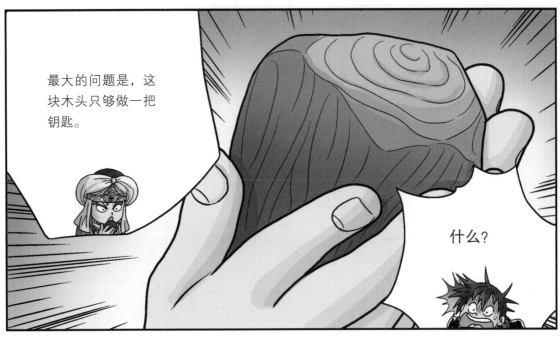

最大的问题是,这块木头只够做一把钥匙。

什么?

用做一把钥匙的材料做三把钥匙?

哇哈!

可……可能吗?

我还是乖乖戴上脚铐吧。

咔嚓

侍从官,拿刑具和鞭子来!

遵命!

别,别,我做还不行吗!

嘿嘿

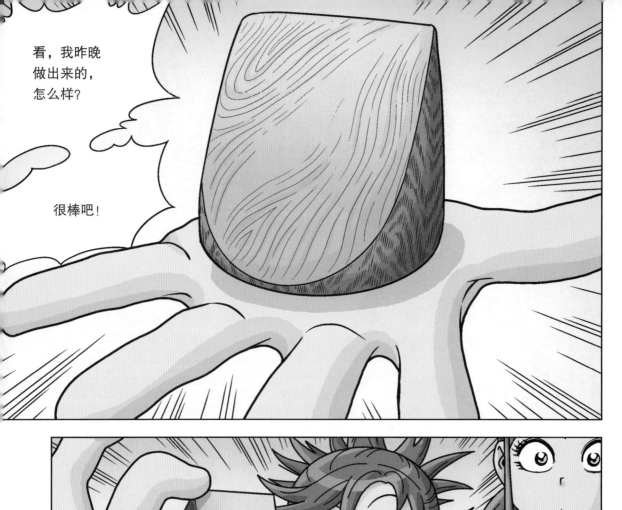

看，我昨晚做出来的，怎么样？

很棒吧！

啊！

四边形！

三角形！

圆形！

哇！真的！

有这个就可以转开三个锁眼了！

嘿嘿。

既然钥匙已经做好了，咱们出发吧！

什么？

啊？

怎么了？

你该不会是……

用那块木头做出来的吧？

27

当然是用那块木头做出来的啊。

怎么了？

什……什么？！

啊！

气死我了！我昨天只是说了三个参考图形，锁眼的图形会按时变化的！

怎么可以现在就用仅有的木头做出钥匙呢？！

哦，对啊！

我……骗你的，

那块木头在这儿哦！

嘻嘻！

好了，幼稚的玩笑到此为止，咱们上路吧。

喂，玩笑是你开的！给我站住！

忍忍吧。

一切希望……

都寄托在你们身上了，

一定要救出公主……

我们会尽力的。

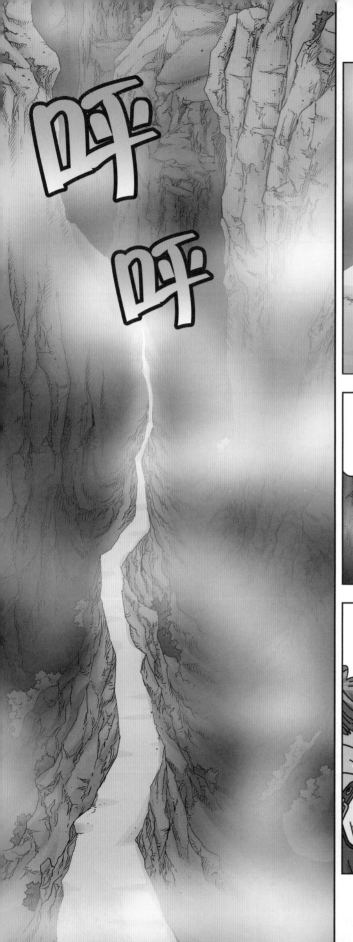

这里…… 分不清哪是哪。

咱们走的方向对吗？

看地图是这个方向。

啊！

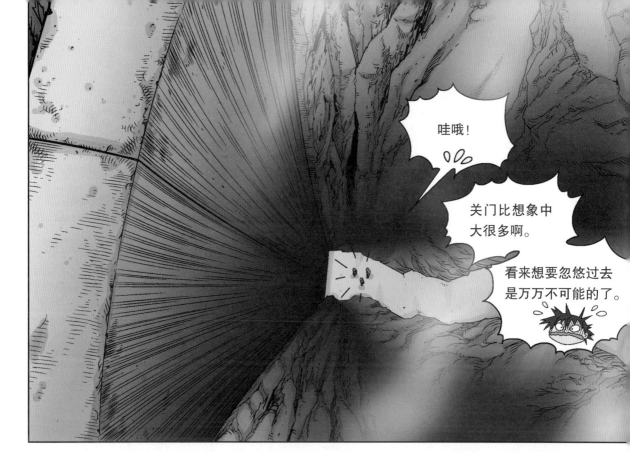

哇哦！

关门比想象中大很多啊。

看来想要忽悠过去是万万不可能的了。

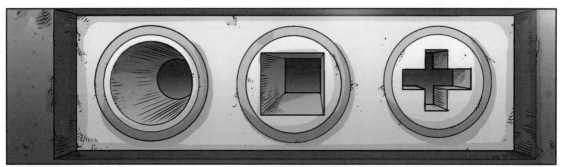

这是现在的锁眼形状，

等它变了再做钥匙吧。

不用，让我来。

……

圆形、四边形、十字形……

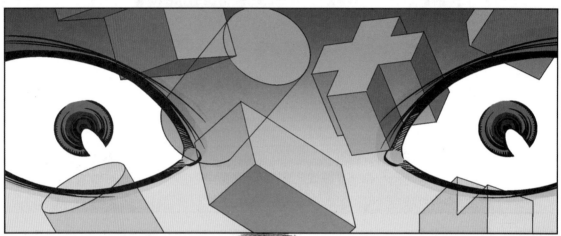

好！应该能做出来！

咚

真的？

咱们还是再等等吧……

不，灵光一现，就得马上做出来。

吼吼。

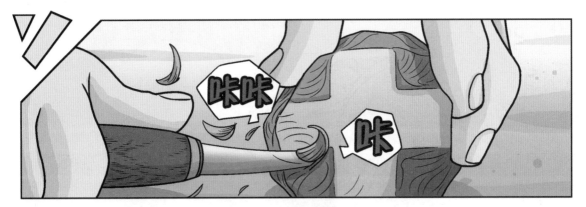

咔咔

咔

还要很久吗?

咔嗒

已经做好了四边形和十字形,还剩圆形。

要削出大小正好合适的钥匙,很难啊。

呼

哎哟……

肩膀好酸啊。

呼

啊?

这位天才的肩膀好酸。

不明白什么意思吗?

……

哼

什么?!

变……变了?

天哪!
怎么办?

怎么回事啊?才
不到 20 分钟!

不是说一小时变一
次的吗?

气死我了!

谁知道我们到这儿
的时候它已经变了
多久啊?

所以我说
等图形变
了再做钥
匙嘛。

哦,原来如
此,我还以
为时间周期
变短了呢。

哈哈

啊!

哦你个头啊!
现在怎么办?

不许笑!

还能怎么办？

我们不是有"最后的法宝"吗？

最后的……什么？

智妮姐姐，今天能许一次愿吧？

啊！

可以。

啊！

那，那么……

给我一块同样材质的木头吧。

……

小菜一碟。

丁零零

哦，耶！

咔

好了，我们重新开始吧！

……

这次是三角形、四边形、T字形……嗯……

好极了！

咔咔　　咔咔

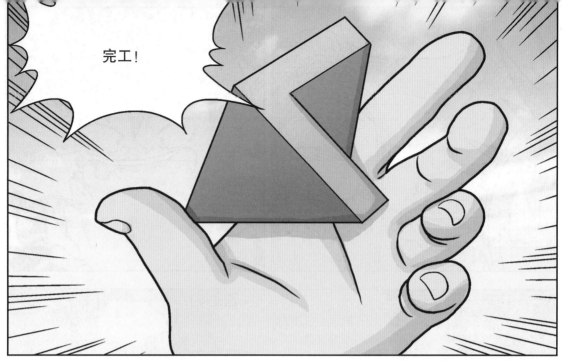

完工！

三角形！

四边形！

还有 T 字形！

怎么样？

嗡 嗡

啊？

不……
不要啊！

咔嚓

咔嚓

咔嚓

好险啊，差点
进不来了。

好险！

哼哼！

喀喀，那边两位美女，
你们没有什么话想对
我说吗？

比如对本天才的
赞美，或者感慨
一下……

道奇

那个，
姐姐……

嗯。

我本想许愿请你直接
带我们进入图形之国，
你可以办到的吧？

当然可以了，我以为道奇的愿望也是如此呢。

是吧。

哼哼……

……

嘻嘻！

赞美之词就暂时放一边，咱们还是赶路吧……

嘿嘿。

溜走

你那个愿望，差点让我们在这儿睡一晚上，还指望什么赞美？

给我站住！

哎哟！ ……

多边形

　　把不在一条直线上的三点，两两用线段连接起来的图形叫三角形，由不在同一直线上的四条线段依次首尾相连组成的封闭图形叫四边形，由不在同一直线上的五条线段首尾依次相连组成的封闭图形叫五边形。平面上封闭折线所构成的图形叫多边形。

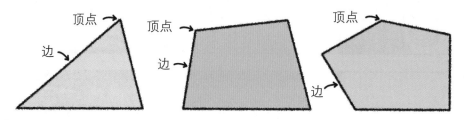

边和交点　组成多边形的线段叫边，边和边的连接点叫顶点。

　　连接多边形任意两个不相邻顶点的线段叫对角线。请在三角形、四边形、五边形中画出对角线。

对角线　三角形没有对角线，四边形有两条对角线，五边形有五条对角线。

右图是五边形吗？

　　这个图形与普通五边形一样，由五条线段相接而成，似乎是五边形，却又与普通五边形不一样，有凹陷的部分。其实，它就是一个五边形。画对角线可以发现，有一条对角线不在图形内部。

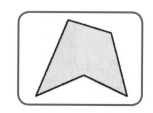

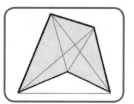

　　这样的多边形叫凹多边形，而所有对角线都在图形内部的多边形叫凸多边形。我们在小学阶段学习的图形都是凸多边形。

● **道奇的问题**（难易程度：八年级上学期）

> 下图是一个十边形，它一共有几条对角线？

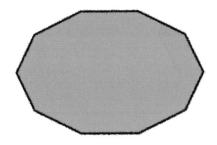

● **达莱的问题**（难易程度：八年级上学期）

> 在下图中画出边数最少的凹多边形。

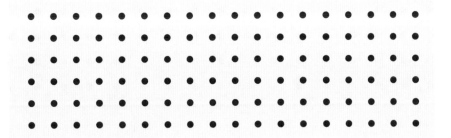

● **智妮的问题**（难易程度：八年级上学期）

> 给以下凹多边形取名。

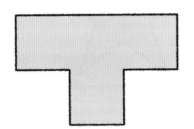

35 条

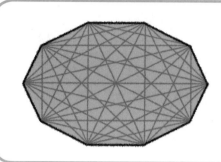

　　画出所有的对角线一定很累吧？假设多边形的边数为 n，当 n > 3 时，其对角线的数量为 $\frac{n \times (n-3)}{2}$。因此，十边形对角线条数为 $\frac{10 \times (10-3)}{2} = 35$，即 35 条。

边数为 4 的凹四边形

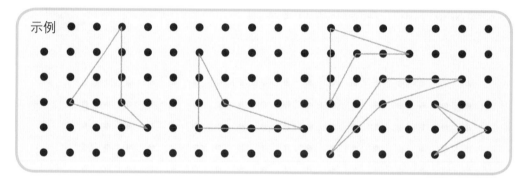

示例

四八边形或八边形；四十边形或十边形

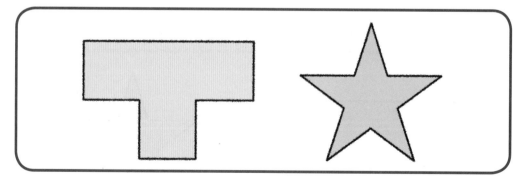

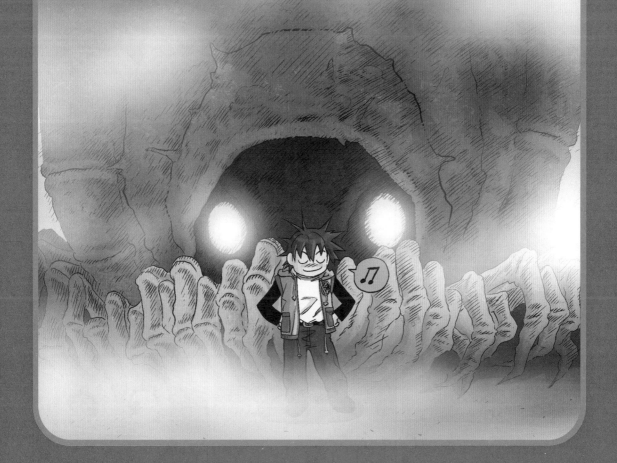

第三章　斐波那契数列

喂，道奇！

啊？

你知道"斐波那契数列"是什么吗？

哪儿，哪儿？

哪儿有比萨？

谁说比萨了？！

我是说"斐波那契"！

斐 波 那 契

数列！

嗨，我还以为……

我怎么知道啊？

哇，达莱，你知道斐波那契数列吗？

指的是这样一串数字……

当然。这个数列以意大利数学家斐波那契（约1170—约1240）的名字命名，

这个数列从第三个数开始，前两个数之和等于第三个数，以此递推下去。

就像这样：

| 1 | 1 | 2 | 3 | 5 | 8 | 13 | 21…… |

1+1　1+2　2+3　3+5　5+8　8+13

所以呢？它跟比萨有什么关系啊？

谁说跟比萨有关系啦？

斐波那契数列在自然界中随处可见。

可以说是存在于大自然中的数学法则之一。

举个例子来说，葵花籽粒在向日葵花盘上的分布呈现出向左和向右两个方向的螺旋线，

如果向左的螺旋线的数量为21，那么向右的数量一定是34；如果向左的数量是34，那么向右的数量一定是55。一定是斐波那契数列里相邻的两个数。

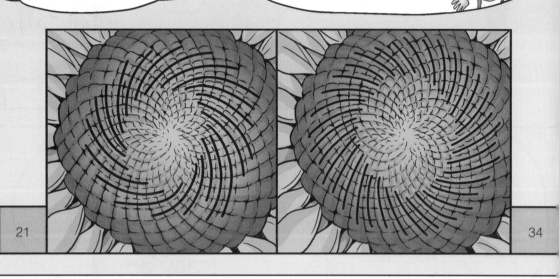

21

34

这种排列方式有助于葵花籽粒在狭小的空间中密集分布，从而有效抵挡风雨。

哇！

还有，树木分枝规律也是如此。

阶段	树枝数量
7	13
6	8
5	5
4	3
3	2
2	1
1	1

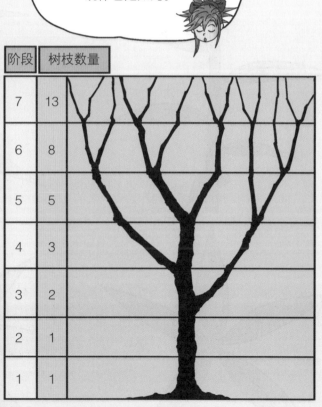

叶在茎上的生长排列方式叫作"叶序"。

在茎上以任意一片叶为起点叶,向上连接各叶的着生点,直到另一片与起点叶处于相同轴线的叶为止,得到一个螺旋线。

……

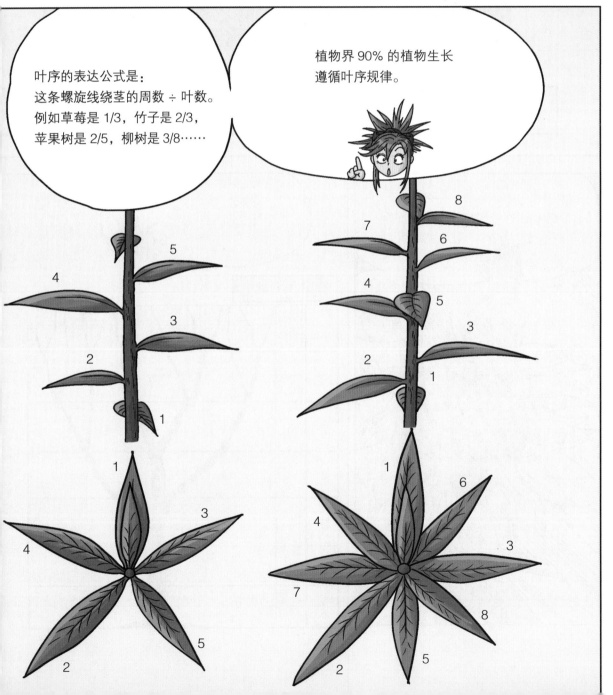

叶序的表达公式是:这条螺旋线绕茎的周数 ÷ 叶数。例如草莓是 1/3,竹子是 2/3,苹果树是 2/5,柳树是 3/8……

植物界 90% 的植物生长遵循叶序规律。

1/3，2/3，2/5，3/8……
分子和分母都是斐波那契数列中的数字，

叶片这样生长，可以避免上层树叶遮挡下层树叶，让每片叶子都能均匀受光。

哇，达莱真是无所不知啊。即使没有我的帮助，也肯定能成为数字之国的领主！

嘻嘻。

相比之下，某人成为奴隶也是理所当然的。

哎……

……

达莱！

干吗突然提起什么斐波那契？自以为是啊！

嘻嘻，那是因为……

看到这个，就突然想起来。

啊？

很像蜗牛壳或海螺壳的纹路，

所以就想到了斐波那契数列。

因为蜗牛壳和海螺壳的花纹也跟斐波那契数列有联系哦。

呃！

哇，这是什么？这种地方怎么会有城墙？

不知道是不是城墙……

像下面这样画出边长为斐波那契数列 1,1,2,3,5,8,13 的正方形，在每个正方形内以边长为半径画出四分之一的圆弧，再把这些四分之一的圆弧连接起来，如此形成的图形叫作"等角螺线"。

蜗牛壳和海螺壳的形状就是"等角螺线"。

……

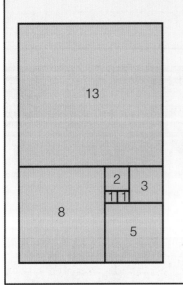

13

8

2
1 1
3

5

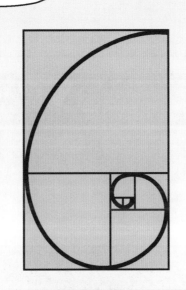

等会儿……

难道这东西不是城墙，而是……

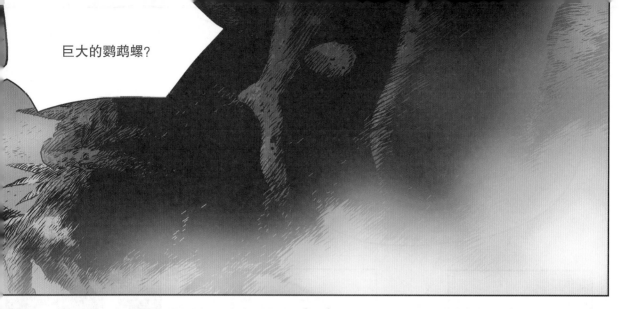

巨大的鹦鹉螺?

咦?

……

有……有点像，但这应该不是鹦鹉螺吧。

哈哈哈！

啊？

想活命就快跑！

喂，你们去哪？

什么？

55

斐波那契数列

有一天，意大利数学家列奥纳多·斐波那契在家观察兔子的生产过程，他突然想到一个这样的问题。

> 假设农场里养着一公一母两只兔子，这对兔子长到两个月大之后，每个月生一公一母两只小兔子，这样下去，一年后农场里一共有几对兔子呢？（前提是这一年内没有一只兔子死亡，且每对兔子都正常生育。）

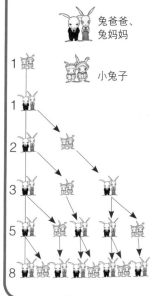

兔爸爸、兔妈妈

小兔子

1
1
2
3
5
8

	小兔子对数	兔爸爸、兔妈妈对数	合计
一月	1	0	1
二月	0	1	1
三月	1	1	2
四月	1	2	3
五月	2	3	5
六月	3	5	8
七月	5	8	13
八月	8	13	21
九月	13	21	34
十月	21	34	55
十一月	34	55	89
十二月	55	89	144

我们一起来解题：

假设每对兔子长到两个月大后，每个月都能生一对小兔子。一对一月份出生的兔子到三月份就能生出一对小兔子，四月份和五月份又各生出一对小兔子。而三月份出生的那对兔子经过两个月的生长，在五月份时也生出了一对小兔子。因此五月份共有五对兔子。以此类推，一年后总共有144对兔子。

我们来看看每月增加的兔爸爸和兔妈妈有多少对。

分别是 1,1,2,3,5,8,13,21,34,55,89,144,……这就是斐波那契数列。1加1等于2，1加2等于3，2加3等于5，3加5等于8……用前两个数相加得出第三个数。

斐波那契数列存在于自然界各处。螺旋银河系、蜗牛壳、大角羊的羊角、鹦鹉螺等螺旋形构造都呈现了斐波那契数列。此外，松球鳞片、葵花籽粒和菠萝皮上面的菱形鳞片，树枝的生长和花瓣的排列也都呈现了斐波那契数列。

● **道奇的问题** (难易程度：三年级上学期)

道奇在实验室做细菌培养实验。这种细菌每分钟会分裂为三倍的数量。那么一个细菌在十分钟内会变成多少个细菌呢？

● **达莱的问题** (难易程度：六年级下学期)

达莱的农场里养了一公一母两只兔子，这对兔子长到两个月大之后，每个月生一公一母两只小兔子，两年后农场里共有几对兔子呢？（前提是两年内没有死亡的兔子，且每对兔子正常生育。）

● **智妮的问题** (难易程度：六年级上学期)

葵花籽粒的分布排列呈现两个方向的螺旋形，松球鳞片的分布排列也呈现两个方向的螺旋形。数数松球鳞片逆时针方向的螺线数和顺时针方向的螺线数，看它们是否和斐波那契数列有关。

- 59049 个

细菌数量每分钟变成三倍，十分钟内的变化过程如下：

时间(分钟)	起初	1	2	3	4	5	6	7	8	9	10
细菌数量（只）	1	3	9	27	81	243	729	2187	6561	19683	59049

- 46368 对

每个月兔子的数量是一组斐波那契数列，在此数列中的第 24 个数就是两年后兔子的对数。求第 24 个数的过程如下：

1,1,2,3,5,8,13,21,34,55,89,144,
233,377,610,987,1597,2584,4181,6765,10946,17711,28657,
46368。

因此，两年后达莱的农场里一共有 46368 对兔子。

- 逆时针方向的螺线数为 8 条，顺时针方向的螺线数为 13 条，8 和 13 与斐波那契数列有关。

画出松球鳞片两个方向的螺线，如下图所示：

逆时针方向的螺线数为 8 条。　　　顺时针方向的螺线数为 13 条。

第四章　迷雾中的怪物

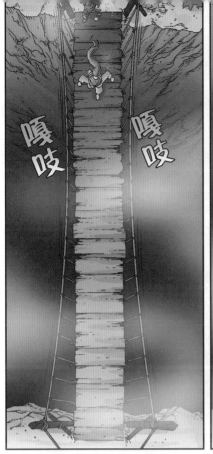

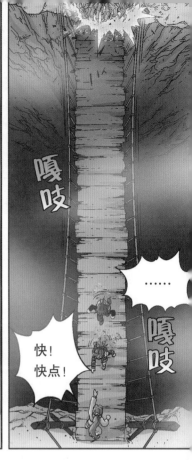

怪物怎么不追过来啊?

它好像知道桥太窄并且承受不了它的体重。

啊!

咔嚓

......

哇哈哈哈!快气死了吧,你这家伙!

我这样的天才怎能被你这种怪物捉到，是不是？

给你放个屁！

噗
噗

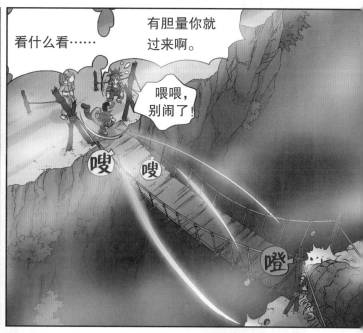

看什么看……

有胆量你就过来啊。

喂喂，别闹了！

嗖
嗖
噔

万一它真的过来怎么办？

哼，它没有翅膀怎么过得来？

……

你看，它回去了。

我晕～

呼噜噜

砰

嘎吱

孩子们，咱们走吧。

看看附近有没有人家。

刚才跑累了，能不能歇一会儿啊。

不行！这种地方待久了，指不定碰上什么怪物呢。

砰

砰

哼。

砰

砰

砰

嗯？

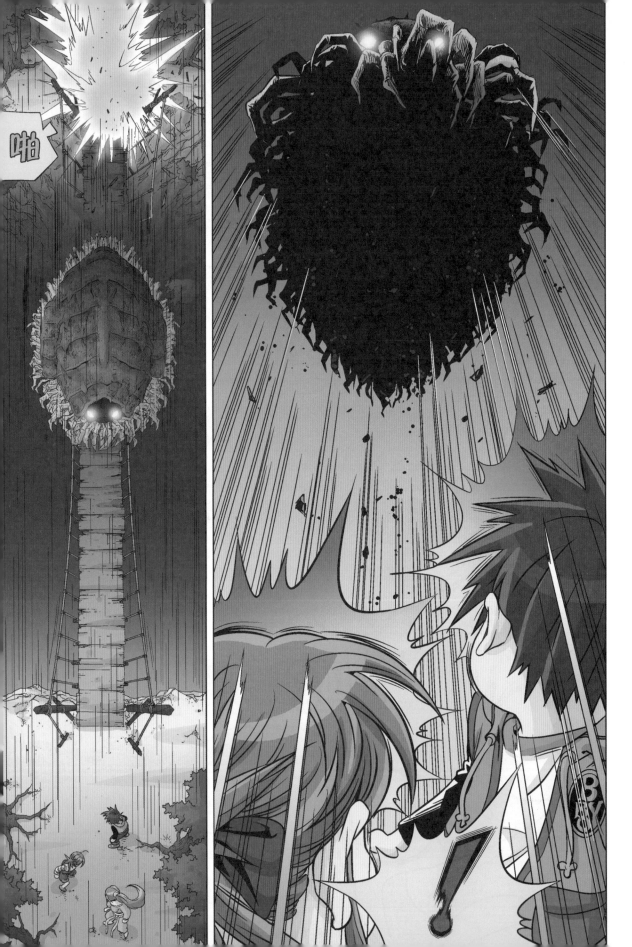

啪嗒

啊啊

扑通

道奇！

哎哟！

没事吧？

快起来！

啊！

脚……脚踝！

什么？

真是奇怪了。

这家伙怎么从浓雾中跑到这儿来的呢?

反正……

咔

封印!

唰

唰

啊

啊

啊

第五章　大魔法师普利亚斯

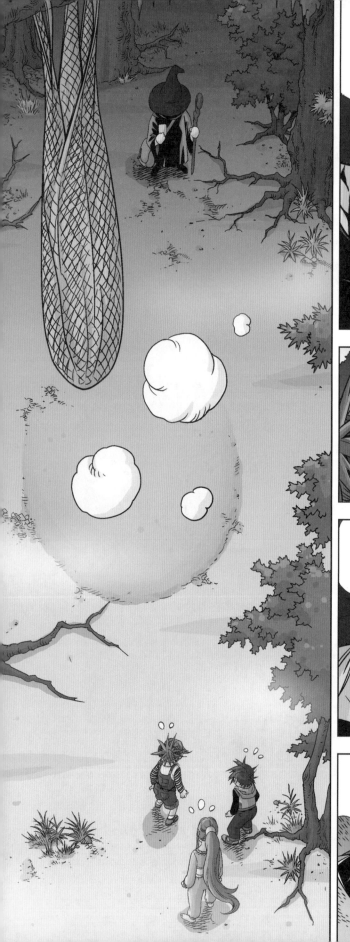

不管怎样也不能让它害了无辜的人。

嗯哼

啊！

你们有没有受伤？

啊……没有。

谢谢您救了我们。

看你们的装束不像是这附近的孩子啊。

你们到这深山里来干什么?

我们……迷路了。

嗯哼。

天黑了会更危险的……

要不然跟我回家吧。

嗯?

真……真的可以吗?

总不能见死不救吧,跟我来。

谢谢您!

进来吧。

是。

没让你进！

啊？

天都黑了，您让我睡在外面吗？

哼。

发发慈悲吧……

真够倔强的。

嘿嘿，谢谢您！

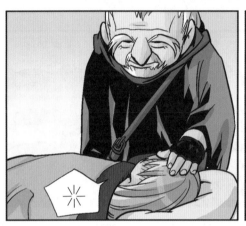

爷……爷。

唉，唉。

再等一会儿。

爷爷带来了新的药材，
马上给你熬。

……

嘞
嘞
嘞

砰
砰
砰

哇啊啊！

刚才把怪物吸进去的那张卡片，现在又吐出来这些东西！

像魔术一样呢！

哇哦！

喂，喂！

难道你们都不知道那位爷爷是什么人，就跟着来了？

啊？

他是什么人啊？

那位爷爷是我们奥利安公国最伟大的魔法师，也是最著名的数学家——普利亚斯先生。

……

居然不知道普利亚斯先生，看来你们不是这个国家的人啊。

思考

看穿着也不像……

叔叔您是什么人啊？

我？

我是奥利安公国的秘书长鲍恩。

奉领主之命来请普利亚斯先生的！

领主请他过去是为了……

打住！

我说过，在你解答出我的问题之前，我是不会听任何请求的。

不要试图浑水摸鱼。

哇啊，厨具像有生命一样活蹦乱跳呢。

可……可是现在没时间做那种事。

那种事？

你好歹也曾经是我的弟子，居然敢说出这番话。

我是征得领主准许才隐退的！

即使领主有命，你也不能强行让我回去。

所以说不是命令，而是请求啊……

你只顾着追求名利，怠慢学习，这种人的请求我不想听。

今晚住这儿，明天一早就回去吧。

不要啊！

……

啊……

叔叔，您要解答的是什么问题啊？

哦，是跟三角形内角之和有关的问题。

三角形？

三角形内角之和不是 180 度吗? 这不就是答案吗?

你以为我连那点常识都没有啊?

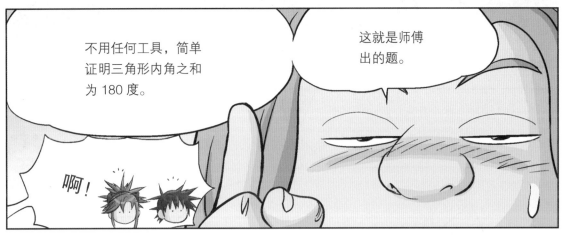

不用任何工具, 简单证明三角形内角之和为 180 度。

这就是师傅出的题。

啊!

不用量角器证明 180 度,

好难啊。

……

叔叔, 我告诉你。

嗯?

啊!

什么？
解开了？

是的！

我用纸做的三角形给您解释一下吧。

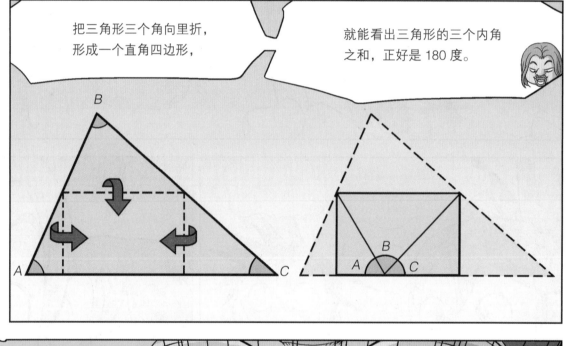

把三角形三个角向里折，形成一个直角四边形，

就能看出三角形的三个内角之和，正好是 180 度。

B

A   C

B

A   C

哦哦哦哦

居然有如此巧妙的方法!

哇哈哈哈哈

师……师傅也不知道吗?

怎么会?

知道如此巧妙的方法,怎么现在才说出来啊?

嘿嘿嘿……

想给您惊喜,所以……

嘻嘻。

嘿,居然不说是达莱告诉他的。

没关系,这也不是我想出来的,我只是简单运用了数学家布莱瑟·帕斯卡的证明方法。

布莱瑟·帕斯卡?

最初证明三角形内角之和为180度的，是古希腊数学家泰勒斯。

17世纪，法国数学家布莱瑟·帕斯卡用简单而巧妙的方法再次证明，那时候他只有12岁。

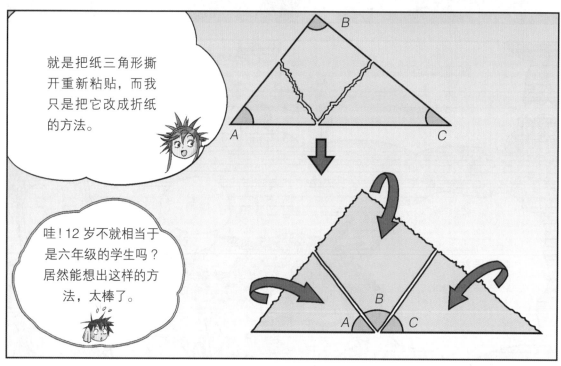

就是把纸三角形撕开重新粘贴，而我只是把它改成折纸的方法。

哇！12岁不就相当于是六年级的学生吗？居然能想出这样的方法，太棒了。

什么？巫师巴巴回来了？

是啊！如果不在三天内投降，他就要带领他的怪物军团毁灭城堡。

......

怎么会？

那个可恶的家伙居然又回来了！

巫师巴巴？

他是谁啊？

我也不知道。

三角形内角之和真的是 180 度吗？

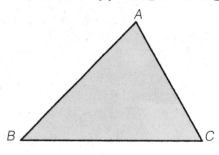

三角形 ABC 的内角之和是多少？可用什么方法求得？

第一，用量角器分别测量三个内角的度数，再相加。

75°+45°+60°=180°，由此得出三个内角之和为 180 度。除了用量角器，还有其他方法吗？

第二，撕下三角形三个内角，把它们一个挨一个紧贴在一起，可以看出三个内角之和为 180 度。

数学家布莱瑟·帕斯卡在 12 岁的时候，用此方法证明了三角形内角之和为 180 度，这种方法叫作"直观证明"方法。帕斯卡没有受过正规数学教育，却能想出如此简单的方法，实在是太棒了！

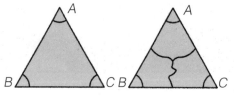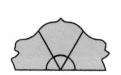

第三，用平行线的方法来证明。

这是古希腊数学家泰勒斯想出的方法，经过 A 点画出与三角形底边 BC 平行的直线。

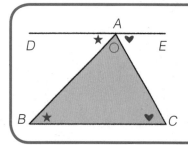

平行线 DE、BC 与线段 AB 相交，所产生的角 ∠BAD 和 ∠ABC 大小相同（两个角都以★表示），∠EAC 和 ∠ACB 大小相同（两个角都以♥表示），由此得出 ★+○+♥=180°。怎么样？用这个方法是不是可以证明三角形内角之和为 180 度呢？

道奇的问题（难易程度：四年级下学期）

在□里填写正确的数字。

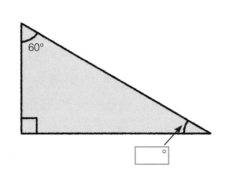

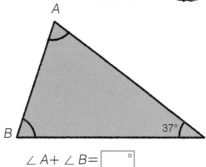

$\angle A + \angle B = \boxed{}^{\circ}$

达莱的问题（难易程度：四年级下学期）

五边形内角之和为多少？

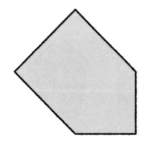

智妮的问题（难易程度：四年级下学期）

下图的内角之和为多少？

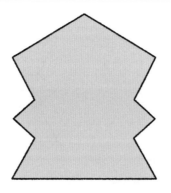

30° ,143°

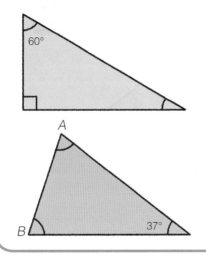

三角形的两个内角各为 60°
和 90°，而三角形的内角之和为
180°，由此得出另一个内角的度
数。180° －（60° +90°）=30°，因
此另一个内角的度数为 30 度。

三角形内角之和为 180 度，因此
∠A+∠B+37° =180°。由此得出，
∠A+∠B= 180° −37° = 143°。

540°

五边形可划分为三个三角形。

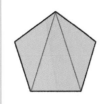

三角形内角之和为
180 度，三个三角形的内
角之和为 180° ×3=540°，
因此五边形的内角之和为
540 度。

1620°

这个图形可划分为九个三
角形，180° ×9=1620°，因此
它的内角之和为 1620 度。

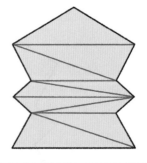

第六章　屁股巫术

所以，求求您了……

帮帮我们吧，师傅。

只有您能打败巫师巴巴，救国救民啊。

……

话虽如此，可我还是不能答应。

啊？

啊！

为……为什么？

哼……

我已不再过问世事，

决定用余生照顾唯一的孙女爱丽丝。

爱丽丝从小患有心脏病，我用了所有的法术，也不能让她好转。

现在只能靠药物维持她的生命，

如果我有半点疏忽，她可能就会死掉。

那就把爱丽丝也一起带回去……

可是她的身体太虚弱了，经不起长途跋涉。

那您就眼看着奥利安公国被巫师巴巴摧毁吗？

对不起。

当年是我把巴巴放逐在外的，他对我充满了怨恨。

既然我不在，他应该不会攻击城堡的。

……

如果并不像您所想的那样呢？

……

那……我也不知道了。

后果不堪设想。

我有办法。

我能治好您的孙女，这样可以吧？

什么？

什么?

......

你能治爱丽丝的病?

是的,您救了我的命,我得报答您啊。

喂喂,大人说话小孩儿不要插嘴!

嘘嘘......

等等!

你懂医术吗?

不是医术,而是巫术。

是专治心脏病的"屁股巫术",疗效很好的。

屁……
屁股……啥？

有那种巫术吗？

相信我一次吧！如果失败了，您可以施咒让我的屁股上长翅膀。

那样岂不是对你的奖励？

……

好，如果你能治好爱丽丝，

我将给你一份最宝贵的礼物！

哈，不要反悔哦。

达莱，道奇真的会巫术？

不可能的啊。

好，请大家都出去，不要妨碍我。

……

……

哈啊啊啊！

啊啊啊
啪
啪
啪

啊
啪

啊！
啪

铃铃铃

唰
唰

……

铃铃！铃铃！

这个巫术
好野蛮啊。

在我看来就
是用屁股写
名字嘛。

……

……

那边两位，我说过有人偷看就会失效的！

嗖！

啪

哎，还得重新来。

呲

呱呱呱呱！

呱！

还想看……

感觉被骗了……

嘟嘟嘟

如果他骗我，就让他的屁股上长翅膀。

哼！

那样正如他所愿。

是不是在拖时间啊？

已经过了零点了。

零点？

啪啪啪

智妮公主！

嗖

啊！

啪

呼哧。

今天的愿望是治好
爱丽丝的病！

哼哼哼……

你真的好了吗?

嗯, 蹦蹦跳跳也不会喘了, 我觉得我都能飞起来了!

奇迹啊, 谢谢你, 孩子, 真的谢谢你!

嘿嘿, 没什么。

都是小伎俩。

呵…… 小伎俩……

……

师傅, 那您按照约定跟我回去吧?

我什么时候答应过你?

啊?

我只答应给那个少年最珍贵的礼物。

这, 这……

我已经老了，

再次和巫师巴巴较量，未必能打败他。

……

而且我既然决定用余生照顾爱丽丝，

就不能反悔。

嘻嘻

可……可是我们奥利安公国的命运……

……

我决定把所有的魔法本领教给那个少年！

啊？

他既然精通巫术，应该对魔法也很有天赋。

学会了我的魔法，会成为奥利安公国乃至整个大陆最强大的魔法师！

让那个少年代替我回去吧！

唵当

！

天……天哪！我？魔法师？

第七章　奇迹魔法书

呀啊啊啊！

啊啊啊啊啊！

啪
啪
啪
啪

呼！ 呼！

居然用电刑这种残酷的方式传授魔法……

幸亏我没被选中。

哈哈！

感觉如何啊?

感觉胃里反酸,
恶心想吐。

那就好!说明
传授很成功!

是,是吗?

看着只像消
化不良的症
状嘛……

那,给你看
这个……

能看到这本魔法
书里的内容吗?

啊！

呃！

这些字又像图形又像虫子，还在不停地跳动啊。

对了！

这些就是魔法咒语。

这页是召唤术的咒语。

修炼的时间越长，你能看到的咒语会越来越清晰，咒语的跳动也会更缓慢，最后就像看普通书一样。

我看到的是一张白纸啊，姐姐你能看到什么吗？

我也看不到。

是……是吗？好神奇啊。

现在你还看不懂这些咒语，可以先把它们记在脑海里，按规律排列，然后在心中默念，慢慢地魔法就会起效。

……

完全听不明白您在说什么。

嗯？

巫术不也是同样的原理吗？

作为巫师怎么会不知道呢？

因为我的巫术比较简单。

嘿嘿

哼

啊！

简单？

嗯……

哦，对了，你们来自数字之国，

用数字解释就能明白。

啊？

啪

不管是巫术还是魔法，都和数学原理相通。

也就是具有规律性……

规律性？

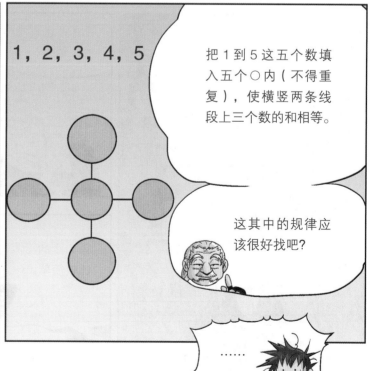

1, 2, 3, 4, 5

把1到5这五个数填入五个○内（不得重复），使横竖两条线段上三个数的和相等。

这其中的规律应该很好找吧？

……

我知道啦！

中间○内填1，以它为中心对称的两个○内各填3和4，2和5，这样横竖两条线段上三个数的和都是8。

就这一种答案？

啊，还有其他答案吗？

费半天劲儿才得出一种答案……你该不会是数字之国的死刑犯吧！

……

猜得差不多。

果然是魔法师。

扑哧。

好！我要以天才郭道奇的名义……

喂喂。

这道题是为了说明"规律"的重要性，

嗯？

盲目计算得出的答案有什么意义啊？

连这种基础题都不会……

基……基础题？

是啊，也就三年级的水平吧……

三年级的题有些也是很难的！

只有像你这样的数学狂才知道！

……

总之，这题有三种答案。

中间○内填最大或最小或正中间的数，然后剩下四个数字大小成组，即大数与小数排在一起，中间两个数字排在一起。

魔法咒语既是字又不是字，既是图片又不是图片。

你领会了这点，咒语就会变成你能看懂的文字、图片和数字。

啊！

真……真的呢！

像图一样的咒语渐渐变成了文字！

什么？

这么快就领悟了？

我果然没看错你啊！

哈哈哈

那现在集中注意力，试着按照这页的内容召唤一条龙吧！

要一气呵成！

是！

唔哦啊啊！

龙？

在这么小的房间里？

噗啊啊啊

哎呀！

轰隆隆

啊川

哇啊啊！

哦哦哦……

刚才一直怀疑
会不会选错了
继承人……

但是为时已晚，

那就……

……

叽里咕噜

干得好！徒儿！

哈哈哈

啊？

既然再教也没用，那么天一亮就上路吧。

等等……感觉师傅敷衍了事啊……

是，交给我吧！

这话听着有点别扭啊。

扑哧！

哈哈

咔咔

● 找规律解题

> 有一个边长为 100 米的正方形公园。在公园四周每隔两米种一棵树，总共需要几棵树?

在边长为 100 米的正方形公园四周每隔两米种一棵树，这种复杂问题先要把它简单化。怎么做呢?

第一，想清楚问的是什么，求的是什么。

公园四周树木的数量。

第二，把问题简单化，比如以小数替代大数，以简单结构替代复杂结构。

以 10 米替代 100 米。

> 有一个边长为 10 米的正方形公园。在公园四周每隔两米种一棵树，总共需要几棵树?

第三，寻找简单的解题方法，比如画画、写公式、做表，找出规律后，再进行确认。

在边长为 10 米的正方形公园四周每隔两米种一棵树，则每一边要种下 6 棵树。

$10 \div 2 + 1 = 6$(棵)

第四，用此方法解开原始问题。

在边长为 100 米的正方形公园四周每隔两米种一棵树，$100 \div 2 + 1 = 51$(棵)，则每一边要种下 51 棵树。$51 \times 4 = 204$(棵)，由于正方形四个顶点的四棵树重复加了一次，因此 $204 - 4 = 200$(棵)，总共需要 200 棵树。

掌握了这种把问题简单化的方法，再复杂的问题也能轻松拿下。

● **道奇的问题**（难易程度：三年级下学期）

> 2011 年 5 月 5 日是星期四，再过 200 天是星期几呢？

5 月

星期日	星期一	星期二	星期三	星期四	星期五	星期六
1	2	3	4	**5**	6	7
8	9	10	11	12	13	14
15	16	17	18	19	20	21
22	23	24	25	26	27	28
29	30	31				

● **达莱的问题**（难易程度：三年级下学期）

> 把 1 到 13 这 13 个数填入 13 个○内（不得重复），使每条线段上三个数的和相等。

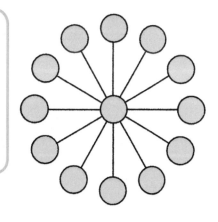

● **智妮的问题**（难易程度：四年级上学期）

> 右图中一共有几个大小不一的正方形？

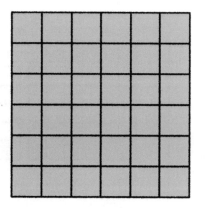

● 星期一

$200 \div 7 = 28 \cdots\cdots 4$

因此，200 天后是星期一。

找找看有什么规律。

5 月 5 日星期四的 10 天后是星期几呢？

5 月 5 日星期四的 7 天后是星期四，

10 天比 7 天多 3 天，星期四的 3 天后是星期日。10 除以 7 余 3，

10 天后的星期数和 3 天后的星期数相同。200 除以 7 余 4，因

此 200 天后的星期数等于 4 天后的星期数，也就是星期一。

				5 月		
星期日	星期一	星期二	星期三	星期四	星期五	星期六
1	2	3	4	5	6	7
8	9	10	11	12	13	14
15	16	17	18	19	20	21
22	23	24	25	26	27	28
29	30	31				

● **有三种方案，使每条线段上三个数的和为 16，21，26。**

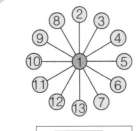 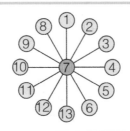 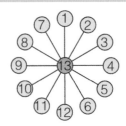

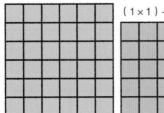 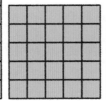

● **91 个**

$1+4+9+16+25+36=91$ 个

$(1\times1)+(2\times2)+(3\times3)+(4\times4)+(5\times5)+(6\times6)$

一共有 91 个大小不一的正方形。

第八章　米兰岛

叔叔……

这里的人把图形之国叫作奥利安公国，对吗？

图形之国？

啊哈，你们来自数字之国是吧？

图形之国只是你们对我们国家的叫法。

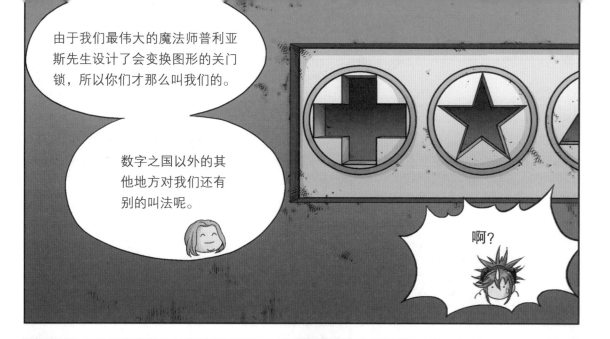

由于我们最伟大的魔法师普利亚斯先生设计了会变换图形的关门锁，所以你们才那么叫我们的。

数字之国以外的其他地方对我们还有别的叫法呢。

啊？

这里是面积庞大的米兰岛，还没有人到过它的尽头。

数字之国和前不久灭亡的笨人国，是米兰岛的无数个卫星国中的两个。

......

那么，还没有人到过它的尽头，

是说这个国家并没有建完，还在建设的过程中？

叽里咕噜。

难道说路西法就在米兰岛的某个地方？

......

师傅怎么会觉得那家伙可靠？

叽里咕噜……

真的能相信他吗？

祝你们顺利……

……

不安啊，很不安！

师傅那奇怪的表情……

那个，叔叔……

到奥利安公国还很远吗？

不，

快到了，再过一座山就能看到了。

好。

啪嗒

嗯？

那刚才的是什么啊?

喂喂!

你在干吗啊?

呼

呼

我在练习魔法呢,称赞之类的话就免了吧。

你觉得你会受到称赞吗?

喂!

我的……头发……

吓一跳

啪啊!

连你也欺负我吗!

啪

……

?

啪

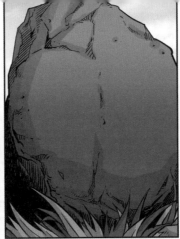

噗呼

噗呼呼

轰轰

噗呼

啊！

呱

噗呼

……

啊……
那个……

第九章　巫师巴巴

嗬啊啊啊　　　　　嗬啊

哐当

咻咻！

呜啊啊！

哼！

……

哐　哐

都什么年代了，还用那么原始的武器。

我随时可以占领这座城，只不过是在等着你们投降······哎······

哗哗
哗哗

哦，又到吃饭的时间啦?

哗哗哗
哗哗

午饭时间到了，吃饭吧，孩子们!

呃
呃
呃

呼！

噗噗！

还活着！

快！趁巫师巴巴
不在的时候赶紧
到城堡里去！

啊！

啊啊！

普利亚斯！

啊……
不是。

这小孩是谁？

……

是，
是……

其实师傅
他……

……

什么？那小孩儿是替普
利亚斯来的？

是，是的。

完了，完了！

上天是要抛弃我们奥利安公国吗？

……

哼

真够无礼的。

天下的领主都是这副德行吗？

喂，小点声！

好，让我给他表演火焰魔法……

千万不要！

什么？那小孩是普利亚斯的弟子？

是的。

！

那么……

在你看来他的实力如何啊？

……

其……其实我也没亲眼看过，所以……

……

嘿嘿

反正是你带来的人，你要负全责！

如果他输给巴巴，扣你一半工资！

什么?

陛……陛下！

巫师巴巴又来了！

！

这……这么快?

哎呀！

……

哼哼，到了我展示实力的时候了。

这次我可不帮你了哦。

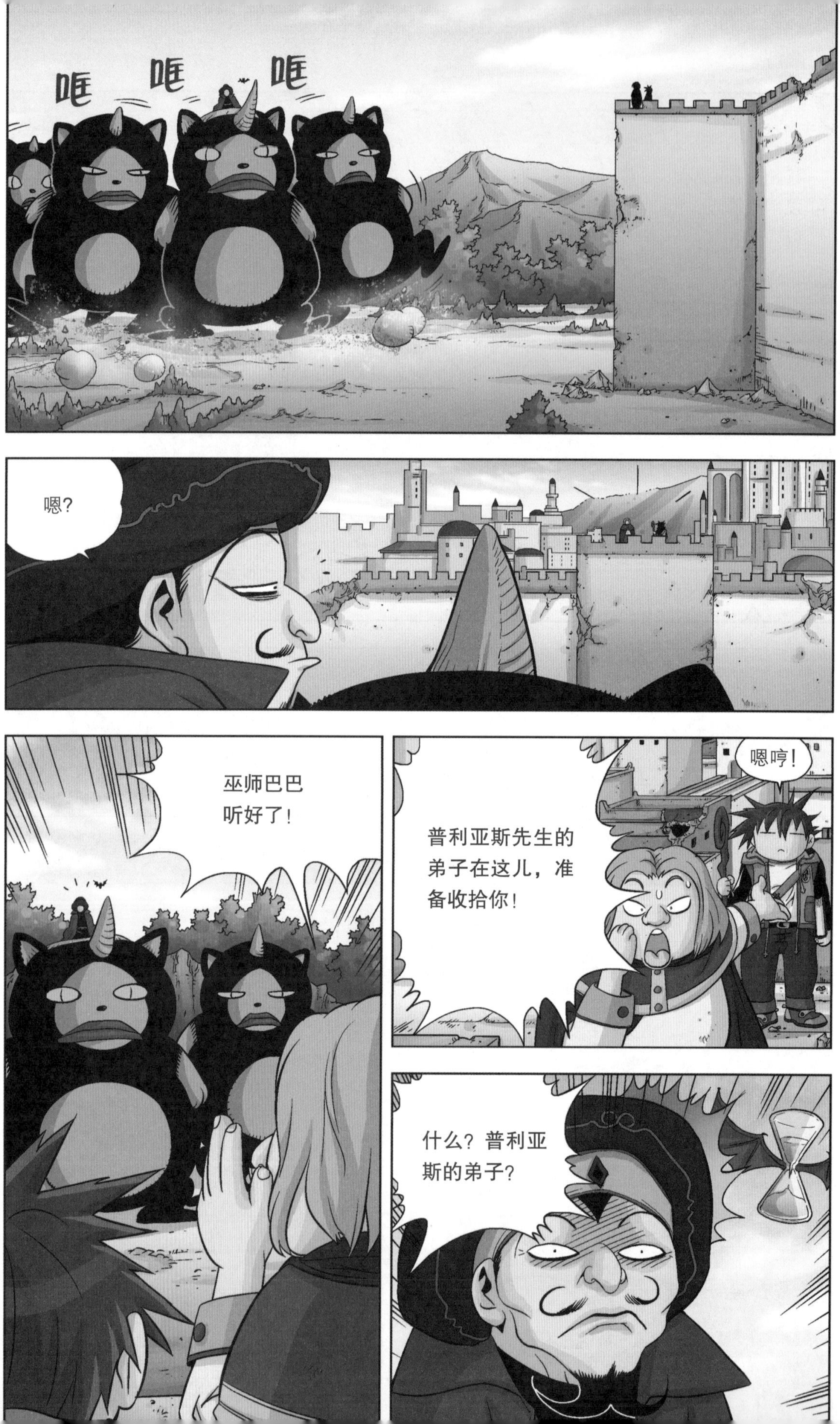

哐 哐 哐
嗯?
巫师巴巴
听好了!
嗯哼!
普利亚斯先生的
弟子在这儿，准
备收拾你!
什么？普利亚
斯的弟子?

这小子……

如果不想再次丢脸，就赶快离开这里吧！

哎呀！

啪嗒

吓……吓死了。

咦？

这些桥的排列方式不就跟"一笔画问题"类似吗？

普利亚斯的弟子，你给我听着，如果每座桥只能走一次，能一次走完所有的桥吗？

果然……

这些桥不可能一次走完的！

嗯！ 哼！

果然！既然弟子都知道答案，普利亚斯那个骗子肯定也知道吧！

骗子？

你师傅说，如果我能一次性过完这些桥，他就把城堡给我。我听信了他的话，整整三年的时间都在想办法过桥。

最近才知道没有答案……

这个问题画在纸上，十分钟就能确定，你居然用了三年时间……

还挺单纯的啊……

闭嘴！

哼！

我要让你替普利亚斯受罪，这样我心里才能舒服点。

孩子们！给我上！

把那小子和城堡统统灭掉！

轰隆隆

哇啊！

咿

咿

咿

哼！

哗哗

精灵召唤术！

第十章　圆盘塔

啊哈！

打得难解难分啊。

我军好样的！

加油啊，加油！

没准这孩子能赢啊！

果……果然是普利亚斯的弟子！

……

哟呼！

胜仗当然是好的，可是……

谁来劝劝他俩啊。

与其这样灭亡还不如投降呢！

陛下冷静啊！

哎，头疼！

陛下……

……

如此强大的巫师居然曾经被普利亚斯爷爷打败，看来普利亚斯爷爷的魔法真的是很强啊，是吧？

嗯。

普利亚斯先生的魔法的确很强，

不过，当年打败巫师用的不是魔法，而是数学题。

数学题？

普利亚斯先生认为，用魔法打败巴巴可能会毁坏城堡。

他知道巴巴痴迷于数学，就给他出了道数学题，答对就投降。

但是那道题是没有答案的。

咦？这跟道奇解过的"一笔画问题"是一样的。

巴巴欣然答应，奥利安公国也找回了平安。

但是过了三年巴巴才知道自己被骗了，于是回来报仇。

这件事也更加激怒了他吧。

看来出题人和答题人都很喜欢数学啊。

啊！

如果他那么喜欢数学，这次就给他出有答案的题好了。

嗯？

等一下！

嗯？

达莱？

两位先停一下，听我说几句吧！

嗯？

你是谁啊?

女孩子跑这里来太危险!

呼!

呼!

我叫金达莱,我来传达领主投降的旨意。

什么?

投降?

......

而且要把皇室代代相传的宝物全都给您,作为对您过去三年的补偿。

但是……

有一个条件！

……

就是说……

要先解答出这道题！

是。

扑哧！

哈哈哈哈

嘻嘻嘻!

?

开玩笑!

啊!

你又在骗我吗？

这道题肯定也没答案。

......

孩子们，快给我……

不不，这题有答案。

有答案？

对，我发誓。这道题真有答案！

哼！

如果你撒谎，后果很严重。

这是谎言探测仪。

上次的骗局也是它测出来的。

马上就能知道有没有答案了。

哼！

……

有答案！

啊！

啊哈！

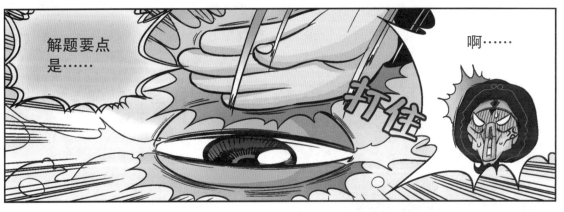

解题要点是……

啊……

数学的乐趣在于解题过程，

真放肆！

既然……

知道有答案，那就接受提议吧。

……

为了防止你们有其他的阴谋，我要在城堡对面的山脚下解题。
你们要是耍什么花招，后果自负！
……
孩子们，走！
咂咂咂
万一他很快解完怎么办？
不要担心，那道题虽然有答案，但是一时半会儿是解不了的。

什么？

……

到底是什么题啊？

我出的那道题源于印度大寺院的一个传说。

印度？

寺院里有三根柱子，其中一根柱子从下往上按照大小顺序摞着64个圆盘。

创世主命令僧侣们把圆盘从按大小顺序重新摆放在另一根柱子上，圆盘全数移动完毕之时，世界将迎来末日。

不过有两个规则。第一，一次只能移动一个圆盘；

第二，大圆盘不能放在小圆盘之上。

设圆盘数量为 n，则移动圆盘的次数是2的 n 次方减1。

以移动三个圆盘为例，

三个 2 相乘再减 1 是 7，也就是 7 次。

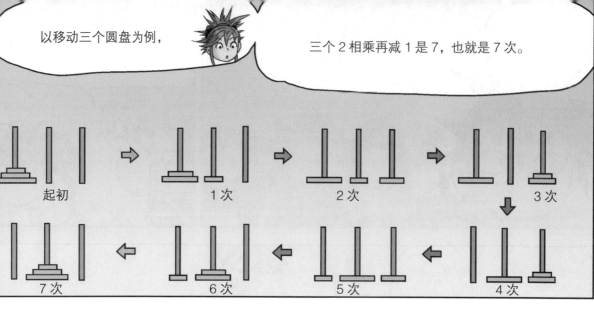

如果移动 64 个圆盘，则要 64 个 2 相乘再减 1，

那就是 18 446 744 073 709 551 615 次。

那是多大的数啊？

就算一秒移动一个，也需要 584 942 417 355 年。

五千多亿年？

啊！

哇啊！

哇哈哈!

......

得救了!

吓一跳!

哇啊啊

影响我集中注意力。

干吗那么吵?

五千亿年啊,五千亿!

嗯?

停停,大圆盘不能放在小圆盘之上,你们这些蠢货!

啪

啪

......

好可怜啊。

重新来!

......

哇啊啊!

万岁!

数字之国的
公主？

是。

……

数字之国的公主
不就是……

啊？

你是奥利安公国的大恩人，
我真的很想帮你……

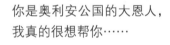

？

可是我能做的只有……

告诉你那是黑暗峡谷的
恶魔巫师别西卜干的。

黑暗峡谷？

别西卜？

啊！

他是米兰岛最凶恶的巫师，连米兰岛霸主路西法也不愿招惹他！

巴巴根本没法和他相提并论。

据说他能自由进出这个世界和"外面的世界"。

啊！

外……外面的世界？

咣

难道是现实世界？

精彩续集，请看"数学世界历险记"第4册《光战士达帕尔》。

● **汉诺塔**

　　见过这样的智力玩具吗？它叫"汉诺塔"，是 1883 年由法国数学家爱德华·卢卡斯发明的，卢卡斯的灵感源自于印度一个古老的传说。

　　在印度教中象征着世界中心的瓦拉纳西（位于印度的东部），有一座寺院。传说印度教的主神梵天在创造这个世界的时候，在这个寺院里立了三根金刚石柱子，并且在其中一根柱子上从下往上按照从大到小的顺序摆了 64 个圆盘。

　　梵天发现寺院里的僧侣们不认真修行，就下达了一道命令：

　　　　把 64 个圆盘全部移到另两根柱子中的一根上，每次只能移动一个圆盘，大圆盘绝对不能放在小圆盘之上。只要你们不偷懒，认真搬运，这个世界就能维持像现在这样的和平和稳定。

　　因为移完所有的圆盘需要 5000 多亿年，所以有人预言，这些圆盘全部移动完毕之时，就是世界末日来临之际。也有人相信，到现在还有人在一刻不停地移动着那些圆盘。

● **道奇的问题**（难易程度：四年级上学期）

　　把汉诺塔的两个圆盘移动到另一根柱子上，一次只能移动一个，大圆盘不能放在小圆盘之上。移动一个圆盘需要1秒，总共需要几秒呢？在下面依次画出移动过程。

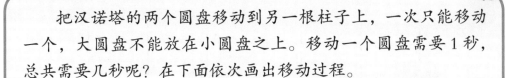

起初　　　　　　　　　　1次

2次　　　　　　　　　　3次

● **智妮的问题**（难易程度：四年级上学期）

　　把汉诺塔的四个圆盘移动到另一根柱子上，一次只能移动一个，大圆盘不能放在小圆盘之上。最少要移动几次圆盘呢？在下面依次画出移动过程。

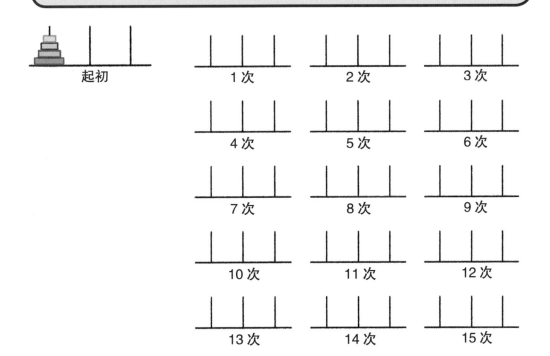

起初　　　　1次　　　　2次　　　　3次

4次　　　　5次　　　　6次

7次　　　　8次　　　　9次

10次　　　　11次　　　　12次

13次　　　　14次　　　　15次

● 3 秒

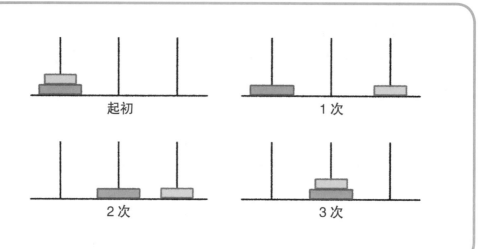

● 15 次

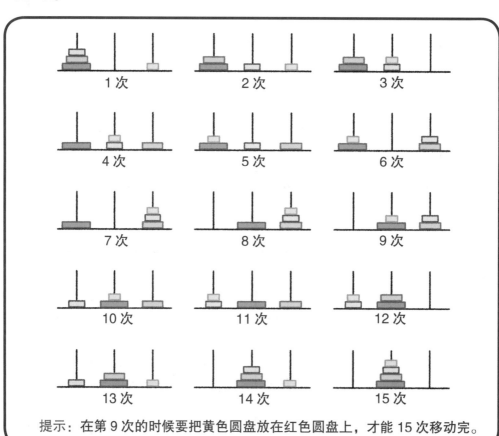

提示：在第 9 次的时候要把黄色圆盘放在红色圆盘上，才能 15 次移动完。

我的第一本科学漫画书

数学世界

历险记

内容简介

　　道奇意外进入了一个虚拟数字世界。虚拟世界中有一个叫路西法的 AI 程序，居然想要统治现实世界。道奇的任务就是解答路西法出的各种古怪的数学难题，阻止路西法的阴谋。这套书由小学数学老师参与编写，穿插介绍了数学概念、数学家、数学知识的运用等。每册书都有几个学习重点和相应的数学题，在玩游戏、看漫画的过程中，就可以提高推理能力和学习数学的兴趣。

适读年龄：7~12 岁

开本：16 开

定价：35.00 元 / 册

① 《被困虚拟数字世界》　　⑤ 《黑暗中的怪物》
② 《笨人国里的数学天才》　　⑥ 《来自航天局的客人》
③ 《大魔法师普利亚斯》　　　⑦ 《挑战魔方阵》
④ 《光战士达帕尔》　　　　　⑧ 《重返现实世界》

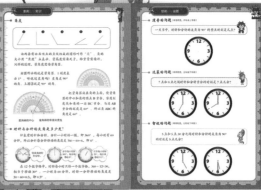